わが子からはじまる
クレヨンハウス・ブックレット　015

JN335560

は

できている

原子力資料情報室共同代表
西尾　漠

本書は、２０１３年12月20日に行った取材をもとに、２０１４年2月1日現在の状況やデータに基づき加筆・修正のうえ、再構成したものです。
本文中の注は、編集部作成（西尾漠さん監修）。

クレヨンハウス

はじめに　原子力の「秘密」を取り巻く現状

『原子力発電は「秘密」でできている』というこの書名は、クレヨンハウスの編集部につけていただきました。「なるほど」と、すぐに納得しました。思い浮かべたのは、四国電力伊方《いかた》発電所の反対運動を続けてこられて、2005年に亡くなられた愛媛県伊方町の広野《ひろの》房一《ふさいち》さんのことばです。

「伊方の実態としてはすべて秘密のうちにやられてきたので、もし初めから公開があったなら、伊方に原発ができるはずはなかった」（「反原発新聞」1979年12月号）

原発の計画が明らかにされる前に、地元の県や町の有力者と電力会社の間で立地計画が進められます。秘密のうちに建設用地が買い占められたり、観光などウソの目的を示しての用地買収が行われたりします。原子力基本法（37ページ、資料7）にある「公開の原則」は、地域住民にとっては雲の上の話でした。原子炉の設置許可が申請されても審査の根拠となる資料は公開されず、公開されるようになって以降も、なお隠されている部分があります。

1995年12月8日の高速増殖炉「もんじゅ」のナトリウム漏洩・火災事故以降は、**原子力委員会（1956年発足）や原子力安全委員会（1978〜2012年／原子力規制委員会の**

前身）でも、遅ればせながら情報公開を進めてきました。

当然ながら新しくつくられた原子力規制委員会（２０１２年発足）でも、「請求を待つことなく、自発的に、可能な限り多くの」情報公開をすると言っています（内閣官房原子力安全規制組織等改革準備室「原子力規制委員会の情報公開の考え方について」２０１２年７月１３日）。

しかし、それらは結局のところ「知らせたい情報」の公開なのではないか、と市民の側は疑っています。情報公開を請求すると、墨塗りや白抜きばかりの文書が出てきます。福島事故後も改善されたフシはなさそうです。

公開の原則は、もともと日本学術会議が「原子力の研究と利用に関するいっさいの情報を公開する」ことで平和利用を保証するために要求した原則ですが、原子力基本法には「成果を公開し」と曖昧なかたちで取り入れられ、いつの間にか逆転して、「テロリストに核物質の情報を与えない」ことで平和利用を保証するとして、公開が制限されています。もっとも実態としては、平和利用を脅かすという理由による非公開は少なく、ほとんどが「知的所有権」、つまり企業秘密の保護とされています。さらに実情を見れば「なんでも非公開」であり、「取扱注意」という注意書きまで墨塗りにしていた例もありました。

いまなお原子力発電は「秘密」でできていることに変わりはないと言えそうです。そしてそれが特定秘密の保護に関する法律（以下、特定秘密保護法／４～５ページ、資料１）の成立によって、さらに強固にされようとしています。

（２０１４年１月）

資料1／特定秘密の保護に関する法律（2013年12月13日公布）抜粋

●（目的）

第一条　この法律は、国際情勢の複雑化に伴い我が国及び国民の安全の確保に係る情報の重要性が増大するとともに、高度情報通信ネットワーク社会の発展に伴いその漏えいの危険性が懸念される中で、我が国の安全保障（国の存立に関わる外部からの侵略等に対して国家及び国民の安全を保障することをいう。以下同じ。）に関する情報のうち特に秘匿することが必要であるものについて、これを適確に保護する体制を確立した上で収集し、整理し、及び活用することが重要であることに鑑み、当該情報の保護に関し、特定秘密の指定及び取扱者の制限その他の必要な事項を定めることにより、その漏えいの防止を図り、もって我が国及び国民の安全の確保に資することを目的とする。

●（特定秘密の指定）

第三条　行政機関の長（当該行政機関が合議制の機関である場合にあっては当該行政機関をいい、前条第四号及び第五号の政令で定める機関（合議制の機関を除く。）にあってはその機関ごとに政令で定める者をいう。第十一条第一号を除き、以下同じ。）は、当該行政機関の所掌事務に係る別表に掲げる事項に関する情報であって、公になっていないもののうち、その漏えいが我が国の安全保障に著しい支障を与えるおそれがあるため、特に秘匿することが必要であるもの（日米相互防衛援助協定等に伴う秘密保護法（昭和二十九年法律第百六十六号）第一条第三項に規定する特別防衛秘密に該当するものを除く。）を特定秘密として指定するものとする。ただし、内閣総理大臣が第十八条第二項に規定する者の意見を聴いて政令で定める行政機関の長については、この限りでない。

2　行政機関の長は、前項の規定による指定（附則第五条を除き、以下単に「指定」という。）をしたときは、政令で定めるところにより指定に関する記録を作成するとともに、当該指定に係る特定秘密の範囲を明らかにするため、特定秘密である情報について、次の各号のいずれかに掲げる措置を講ずるものとする。

一　政令で定めるところにより、特定秘密である情報を記録する文書、図画、電磁的記録（電子的方式、磁気的方式その他人の知覚によっては認識することができない方式で作られる記録をいう。以下この号において同じ。）若しくは物件又は当該情報を化体する物件に特定秘密の表示（電磁的記録にあっては、当該表示の記録を含む。）をすること。

二　特定秘密である情報の性質上前号に掲げる措置によることが困難である場合において、政令で定めるところにより、当該情報が前項の規定の適用を受ける旨を当該情報を取り扱う者に通知すること。

3　行政機関の長は、特定秘密である情報について前項第二号に掲げる措置を講じた場合において、当該情報について同項第一号に掲げる措置を講ずることができることとなったときは、直ちに当該措置を講ずるものとする。

●（この法律の解釈適用）

第二十二条　この法律の適用に当たっては、これを拡張して解釈して、国民の基本的人権を不当に侵害するようなことがあってはならず、国民の知る権利の保障に資する報道又は取材の自由に十分に配慮しなければならない。

2　出版又は報道の業務に従事する者の取材行為については、専ら公益を図る目的を有し、かつ、法令違反又は著しく不当な方法によるものと認められない限りは、これを正当な業務による行為とするものとする。

●（罰則）

第二十三条　特定秘密の取扱いの業務に従事する者がその業務により知得した特定秘密を漏らしたときは、十年以下の懲役に処し、又は情状により十年以下の懲役及び千万円以下の罰金に処する。特定秘密の取扱いの業務に従事しなくなった後においても、同様とする。

2　第四条第五項、第九条、第十条又は第十八条第四項後段の規定により提供された特定秘密について、当該提供の目的である業務により当該特定秘密を知得した者がこれを漏らしたときは、五年以下の懲役に処し、又は情状により五年以下の懲役及び五百万円以下の罰金に処する。第十条第一項第一号ロに規定する場合において提示された特定秘密について、当該特定秘密の提示を受けた者がこれを漏らしたときも、同様とする。

3　前二項の罪の未遂は、罰する。

4　過失により第一項の罪を犯した者は、二年以下の禁錮又は五十万円以下の罰金に処する。

5　過失により第二項の罪を犯した者は、一年以下の禁錮又は三十万円以下の罰金に処する。

第二十四条　外国の利益若しくは自己の不正の利益を図り、又は我が国の安全若しくは国民の生命若しくは身体を害すべき用途に供する目的で、人を欺き、人に暴行を加え、若しくは人を脅迫する行為により、又は財物の窃取若しくは損壊、施設への侵入、有線電気通信の傍受、不正アクセス行為（不正アクセス行為の禁止等に関する法律（平成十一年法律第百二十八号）第二条第四項に規定する不正アクセス行為をいう。）その他の特定秘密を保有する者の管理を害する行為により、特定秘密を取得した者は、十年以下の懲役に処し、又は情状により十年以下の懲役及び千万円以下の罰金に処する。

2　前項の罪の未遂は、罰する。

3　前二項の規定は、刑法（明治四十年法律第四十五号）その他の罰則の適用を妨げない。

第二十五条　第二十三条第一項又は前条第一項に規定する行為の遂行を共謀し、教唆し、又は煽動した者は、五年以下の懲役に処する。

2　第二十三条第二項に規定する行為の遂行を共謀し、教唆し、又は煽動した者は、三年以下の懲役に処する。

第二十六条　第二十三条第三項若しくは第二十四条第二項の罪を犯した者又は前条の罪を犯した者のうち第二十三条第一項若しくは第二項若しくは第二十四条第一項に規定する行為の遂行を共謀したものが自首したときは、その刑を軽減し、又は免除する。

第二十七条　第二十三条の罪は、日本国外において同条の罪を犯した者にも適用する。

2　第二十四条及び第二十五条の罪は、刑法第二条の例に従う。

●（別表）

四　テロリズムの防止に関する事項

イ　テロリズムによる被害の発生若しくは拡大の防止（以下この号において「テロリズムの防止」という。）のための措置又はこれに関する計画若しくは研究

ロ　テロリズムの防止に関し収集した国民の生命及び身体の保護に関する重要な情報又は外国の政府若しくは国際機関からの情報

ハ　ロに掲げる情報の収集整理又はその能力

ニ　テロリズムの防止の用に供する暗号

出典：首相官邸「特定秘密保護法について」リンクページの条文より抜粋
（http://www.kantei.go.jp/jp/topics/2013/headline/houritu_joubun.pdf）

第1章　特定秘密保護法は、原子力とどう関わるか

●特定秘密保護法が成立した

２０１３年12月6日、特定秘密保護法が成立してしまいました。国の情報は市民のものとは言え、わたしたち市民も、国に「秘密は一時的にもいっさい認めない」とまでは言えません。しかし、だからこそ、なにを秘密にして、どのように管理するかについては慎重な議論が必要だと思います。何十年経っても公開されないなどということは、とうてい許されません。**成立した特定秘密保護法は、多くの方が指摘する通り、疑問点だらけであり、日本国憲法の国民主権、基本的人権の尊重、平和主義という基本原理を否定するものです。あまりに拙速にそうした法がつくられてしまったことに、強い危惧をおぼえます。**

とは言え、法律は改正することも廃止することもできます。新たな法律で、手足を縛ることもできるでしょう。また、特定秘密保護法は、２０１４年内に細部が詰められていく予定です。施行されるまでの協議によって、市民の制限を加えた法律にしていけるか、成立したとき以上に、政府側が勝手にいろいろと規定の範囲を広げられるような法律になってしまうのかという分かれ道が、目の前にあると思います。

同時に、国家公務員法、地方公務員法、刑法など、特定秘密保護法のほかにも秘密保護の規定を持つ法律が少なくありません。原子力に関わるものには、核原料物質、核燃料物質及び原子炉の規制に関する法律（以下、原子炉等規制法／８ページ、資料２）や独立行政法人日本原子力研究開発機構法（２００４年施行）などがあります。それらが特定秘密保護法に合わせて改悪されるかもしれません。そうした改悪を許さないということも大切です。

わたしたち市民ができることは、まず「いやだ」、「法を廃止せよ」と言い続けることです。特定秘密保護法には曖昧な部分がいっぱいあります。そこで、**この法律のなにが心配かを具体的に言っていく。少なくとも「こういうことが心配だ」と言われている部分に関しては、政府はそれについてなんらか回答しないといけないわけです。**その意味で、法律について「いやだ」と言い続けることが大事です。**法律を揺さぶるのは、この法律に否定的な世論だと思うのです。**

●特定秘密保護法を、原子力に関する視点で読むと

特定秘密保護法の中で、原子力、原発に適用されるとしたら、「テロリズムの防止に関する事項」という部分です。その場合、テロに関する情報として、原発に関する情報が含まれてくることが考えられます。いまでも原発のテロ対策に関する情報は秘密になっていて、「衆議院議員塩川鉄也君提出特別秘密の管理に関する質問に対する答弁書」（２０１２年11月６日）によれば、**経済産業省は「安全保障に関する事項及び核物質防護に関する事項」として12件、原**

資料2／核原料物質、核燃料物質及び原子炉の規制に関する法律
（昭和三十二年六月十日法律第百六十六号）抜粋

●（目的）

第一条　この法律は、原子力基本法（昭和三十年法律第百八十六号）の精神にのつとり、核原料物質、核燃料物質及び原子炉の利用が平和の目的に限られることを確保するとともに、原子力施設において重大な事故が生じた場合に放射性物質が異常な水準で当該原子力施設を設置する工場又は事業所の外へ放出されることその他の核原料物質、核燃料物質及び原子炉による災害を防止し、及び核燃料物質を防護して、公共の安全を図るために、製錬、加工、貯蔵、再処理及び廃棄の事業並びに原子炉の設置及び運転等に関し、大規模な自然災害及びテロリズムその他の犯罪行為の発生も想定した必要な規制を行うほか、原子力の研究、開発及び利用に関する条約その他の国際約束を実施するために、国際規制物資の使用等に関する必要な規制を行い、もつて国民の生命、健康及び財産の保護、環境の保全並びに我が国の安全保障に資することを目的とする。

●（秘密保持義務）

第六十一条の十八　指定情報処理機関の役員若しくは職員又はこれらの職にあつた者は、情報処理業務に関して知ることのできた秘密を漏らしてはならない。

第六十八条の三　原子力事業者等（原子力事業者等から運搬を委託された者及び受託貯蔵者を含む。次項において同じ。）及びその従業者並びにこれらの者であつた者は、正当な理由がなく、業務上知ることのできた特定核燃料物質の防護に関する秘密を漏らしてはならない。

2　国又は原子力事業者等から特定核燃料物質の防護に関する業務を委託された者及びその従業者並びにこれらの者であつた者は、正当な理由がなく、その委託された業務に関して知ることのできた特定核燃料物質の防護に関する秘密を漏らしてはならない。

3　職務上特定核燃料物質の防護に関する秘密を知ることのできた国の行政機関又は地方公共団体の職員及びこれらの職員であつた者は、正当な理由がなく、その秘密を漏らしてはならない。

●（罰則）

第七十八条　次の各号のいずれかに該当する者は、一年以下の懲役若しくは百万円以下の罰金に処し、又はこれを併科する。

三十一　第六十八条の三の規定に違反した者

第七十八条の二　第六十一条の十八（第六十一条の二十三の二十において準用する場合を含む。）の規定に違反した者は、一年以下の懲役又は五十万円以下の罰金に処する。

出典：e-Gov　核原料物質、核燃料物質及び原子炉の規制に関する法律より抜粋
（http://law.e-gov.go.jp/htmldata/S32/S32HO166.html）

子力規制委員会も２件を「特定管理秘密」（＊１）に指定しています。それ以外の秘密もあるかもしれません。

秘密を漏らせば罰則が科せられます。特定秘密保護法が施行されれば、その秘密の範囲が更に拡大するかもしれないし、罰則が強化されることにつながると思います。

また、**特定秘密保護法が成立したことで、情報公開がいっそう後退することが予想されます。**

＊１　特定管理秘密……内閣に置かれたカウンターインテリジェンス推進会議が２００７年8月9日に決定した「カウンターインテリジェンス機能の強化に関する基本方針」（http://www.cas.go.jp/jp/seisaku/counterintelligence/pdf/basic_decision_summary.pdf）に基づいて各府省が指定している秘密のこと。

●「核拡散防止」と「核物質防護（＝核セキュリティ）」

なぜ原子力に秘密があるのか？　それは「核拡散防止」と「核物質防護（＝核セキュリティ）」のためというのが大義名分で、こっそりと「知的所有権」のためともつけ加えられます。核拡散には、横の拡散と縦の拡散があり、横の拡散は新たな核兵器保有国が生まれてしまうこと、縦の拡散は核保有国において核兵器が増強されることを言います。「核拡散防止」は本来、縦横の拡散ともに防止するべきですが、事実上、横の拡散の防止にばかり力が注がれています。

「核物質防護」は、最近では「核セキュリティ」と呼ばれることが多く、核物質（プルトニウムや高濃縮ウラン）あるいはそれ以外の放射性物質、核技術などが非国家組織によって盗まれたり、闇取り引きで売買されたりして悪用されるのを防ぐことを言います。原発などの施設が攻撃されるのを防ぐことも含まれます。**核拡散にせよ、核物質がらみのテロにせよ、確かにそんなことがあったら困りますから、悪用されないように秘密にするのはやむを得ないという考え方もあります。しかし、そもそも原子力利用がなければ必要のない秘密です。**そのためにも、原子力利用をやめればいいというのが正論ですが、原子力利用をすべてやめても、すでに生み出されてしまった核物質などは残ります。少しでも早く原子力利用をゼロにし、秘密を最小限に抑え込んだうえで、厳密な管理をするしかありません。

それなのに、**実際には厳密どころか、きわめていい加減な秘密管理が横行しています。**

たとえば１９９２年5月28日付の福井新聞が、日本原子力発電（原子力発電専業の卸電力会社）が従来公表していた使用済み燃料の貯蔵量を「核物質防護（＝核セキュリティ）」を理由に秘密にしたと報じました。同社のホームページにも使用済み燃料の貯蔵量を載せていませんでした。が、その後「ほかの電力会社は公表しているが」と問い合わせたところ、すぐに掲載されるようになりました。事業者もなにを秘密とすべきか、確かな考えを持っていないのです。

同じように核燃料輸送に関する情報も、同じ内容なのに核燃料工場と電力会社で、墨塗りにして隠す項目が違うことがありました。２００９年2月18日付の東奥日報は、「機微情報にあたる」として事業主体の日本原燃（核燃料サイクル施設を運営している会社）から提供を拒否された、六ヶ所再処理工場（青森県にある核燃料サイクル施設のひとつ）のガラス溶融炉の外観写真が、経済産業省のホームページ上に公開されていると報じました。日本原燃は「認識不足だった」と釈明した、と記事にはありました。

特定秘密保護法でいちばん危険だと思うのは、やはり「なにが秘密にされるのかがわからないこと」だと思います。 法律が通る前の段階の議論でも、「こういうことが秘密に指定できる」と言ったり、「いや、この法律ではできない」と言い直したりされることが何度もありました。法律が施行された後でも、「こんな情報は秘密でなかったはずでは」という範囲にまで、いつの間にか秘密の指定が拡大される可能性があると思います。

２０１３年10月29日に行われた原子力規制庁（２０１２年発足／原子力規制委員会の事務局）の記者ブリーフィングで、同庁の森本《もりもと》英香《ひでか》次長は、記者の質問にこう答えました。「少し留保はかけたいと思いますけれど、基本的に原子力発電所による放射線による国民への影響があるそういったものについて、事前であれ事後であれ秘密保護法にかかるものではないと思います」

官僚自身もよくわからないから秘密にしないとは言えず、「留保」をかけざるを得ないのです。

●いまある罰則が引き上げられる危険性

特定秘密に指定された情報を漏らした場合、規定の懲役または懲役と罰金が併科されます（12ページ、資料3）。だましたり、暴行を加えたり、脅迫したり、盗んだり、ハッキングをしたりして秘密を取得、と聞くと罰せられて当然のようですが、ささいな行き過ぎを口実に調査活動を規制するおそれがないとは言えません。

資料3／特定秘密保護法と原子炉等規制法の罰則比較

	特定秘密保護法			原子炉等規制法
	秘密取扱い業務従事者	業務上知り得た者	一般のひとびと	原子力事業者等 業務上知り得た者
秘密の漏洩	10年以下の懲役 または 10年以下の懲役 ＋ 1000万円以下の罰金 （未遂も罰する）	5年以下の懲役 または 5年以下の懲役 ＋ 500万円以下の罰金 （未遂も罰する）	――	1年以下の懲役 または 100万以下の罰金 （未遂は罰しない）
過失による秘密の漏洩	2年以下の禁固 または 50万円以下の罰金	1年以下の禁固 または 30万円以下の罰金	――	（罰則なし）
不正による秘密の取得	――	――	10年以下の懲役 または 10年以下の懲役 ＋ 1000万円以下の罰金 （未遂も罰する）	（罰則なし）
秘密漏洩の共謀・教唆・煽動	――	――	秘密取扱い業務従事者を対象： 5年以下の懲役 業務上知り得た者を対象： 3年以下の懲役	（罰則なし）
不正取得の共謀・教唆・煽動	――	――	5年以下の懲役	（罰則なし）

資料作成：西尾漠さん

＊すべて退職者含む。

＊「秘密取扱い業務従事者」とは、公務員のこと。
「業務上知り得た者」とは、業務上の必要などにより、情報を提供されて秘密を知った別の公務員や民間業者のこと。

＊「過失による秘密の漏洩」は、意図的ではなく、うっかり特定秘密を漏らしてしまった場合を指す。

＊指定情報処理機関（公益財団法人「核物質管理センター」のこと）の役職員が情報処理業務に関する秘密を漏らした場合、原子炉等規制法において1年以下の懲役もしくは50万円以下の罰金となる。

特定秘密保護法が成立したあと、「共謀罪の創設検討」（＊２）の報道がありました。共謀罪では、共謀・教唆・煽動の未遂も処罰の対象となり、その場合、どこまでが未遂かというのが問題です。たとえば、原発にまつわる情報の提供を求めただけで、それが秘密に当たると漏洩教唆などの未遂とされてしまう可能性もあります。

ところで、特定秘密保護法が対象とする「情報」は、国の持つ情報や外国から提供された情報のことを言います。いまでも原発のテロ対策に関する情報は秘密だと言いましたが、原子炉等規制法が対象とする「情報」は、民間企業などの持つ情報です。

秘密漏洩の罰則を、特定秘密保護法が成立したいま、つりあいをとるために１ケタ厳しい特定秘密保護法の規定に合わせたり、未遂や過失、あるいは共謀などに対しての罰則を追加するといった動きが出てくるのではと懸念されます。

さらには、医療用などに用いられるラジオアイソトープ（放射性同位元素）を扱う、放射性同位元素等による放射線障害の防止に関する法律（放射線障害防止法／１９５８年施行）にも秘密保護規定が導入されるかもしれません。核爆弾には使えなくても、「汚い爆弾（ダーティボム／放射能をばらまく爆弾）」や、水源に投入するなどのテロに転用が可能だとして、「核セキュリティ」の対象となっているからです。**ラジオアイソトープは、放射性医薬品、放射線治療などの医療機器、非破壊検査や厚さ計（紙などの厚さを測るもの）、密度計の測定機器など、幅広く利用されているものですから、秘密保護規定の下におかれるひとは一挙に増えます。そ**

うなれば、ごく身近なところで罰則の対象となることがあり得るのです。

＊2　共謀罪の創設検討……2013年12月11日、安倍政権は、重大犯罪を実行しなくても、実行を合意しただけで処罰対象となる「共謀罪」の新設を盛り込んだ、組織犯罪処罰法改正案を2014年の通常国会に提出するとして検討に入った。これは2020年の東京オリンピック開催時に、テロ対策を強化するためだとしている。

●原発で働くひとの身元調査が進行する

特定秘密保護法によって確実に進むものに、原発従業員・核燃料輸送従事者の中に「仮想敵」がいるとしての身元調査があります。「仮想敵」というのは、総合資源エネルギー調査会原子力安全・保安部会原子力防災小委員会が2004年12月にまとめた報告書「原子力施設における核物質防護対策の強化について」（＊3）で、「仮想敵（テロリスト、不満を持つ従業員等）」として用いられていたことばです。具体的には、原子力規制委員会の「核セキュリティに関する検討会」で、どのように「信頼性確認」をするかが話し合われています。

身元調査は、もちろん電力会社の社員に対しても行われますが、とくに「下請け」と呼ばれる協力会社の社員を問題にしています。それは、福島の事故が起きてから中で働いていたひとの被ばくについて調査をしようとしたら、その後の消息がわからなくなっているひとが何人もいたためです。被ばくの管理という意味で電力会社側の不備が露呈したわけですが、同時に核セキュリティの面から見ると、「素性を偽ったひとが原発に入り込んでいてもわからない」ということになります。電力会社の社員だけでは原発を動かせないので、かなり内部まで、協力

わが子からはじまる
クレヨンハウス・ブックレット015

『原子力発電は「秘密」でできている』

この本のご感想をお聞かせください。

※お書きいただいた内容を、小社の出版物のＰＲ資料やホームページなどで、掲載ご紹介させていただく場合についておたずねします。以下の項目に、印をつけてください。

□掲載不可

□掲載可（その際は、□名前　□ペンネーム ____________ □イニシャルとします）

――――ご協力ありがとうございました。――――

郵便はがき

料金受取人払郵便

渋谷局承認

9985

差出し有効期間
平成27年6月
14日まで

（上記期日までは、
切手は不要です）

150-8790

201

東京都渋谷区神宮前5-3-21-2F

クレヨンハウス編集部行

お名前：ふりがな

年齢（　　　　）

ご住所：〒

本書を知ったのは？　□クレヨンハウスのホームページ、メールマガジンで
□書店の店頭（　　　　　　　　　）で　□インターネット書店（　　　　　　　　　）で
□［月刊クーヨン］で　□その他（　　　　　　　　　　　　　　　　　　　）

本書を購入したきっかけをお教えください。

E-mail：※今後小社からのメールによる案内等をお送りしても差し支えなければお教えください。

※このハガキは、統計資料の作成に使用させていただきます。
個人情報の安全な取り扱いには充分配慮いたします。

会社の社員が入って仕事をしています。それがいわゆる「下請け」と呼ばれ、一次、二次、三次、四次と、八次以上にまで続いているのです。そうすると協力会社の社員であっても、漏らしてはいけないとされる秘密に触れることがあり得ます。だからちゃんと協力会社の社員まで調査しなければならない、という話になってくるわけです。

身元調査では、本人、家族、同居人の国籍、住所、犯罪及び懲戒歴、薬物の濫用や飲酒、精神疾患、経済的な状況などが調べられます。**原子力規制委員会が検討している「信頼性確認」は、行政機関の持つ情報か民間の情報かを別にすれば、特定秘密保護法で国が行おうとしている「適性評価」とそっくり同じ内容です。**そもそも身元調査は、特定秘密保護法がまだ構想中だったころの「有識者会議報告書」（＊4）を参考に議論されているのですから、当然ですね。

身元調査は、まず本人が必要項目について申告します。それが正しいかどうかを判断するためとして、「知人その他の関係者に質問」（特定秘密保護法）をしたりします。それだけで、周りのひととの人間関係を壊しかねない危惧があります。そのうえで現実には、警察による情報が必要となり、つまり警察がすべて個人を調べ上げるということになるでしょう。先に見た項目に限らず、あらゆる情報が集められると思います。どこまで調べられているかは、もちろん本人にはわかりません。調査の結果は本人に伝えられるとされていますが、結果に結びついた理由については伝えられないでしょう。

身元調査自体は、すでに原発の導入当初から行われてきました。日本原子力研究開発機構（国の予算で原子力の研究開発を行う独立行政法人）の前身である原子燃料公社が発足し、日本原子力発電東海発電所が営業運転を開始した１９６７年に改訂された、**警視庁の「警備公安資料整理要綱」は、同公社、電力会社などや大学の原子力研究所を「労務者にいたるまで」つねに個人資料を整備しておくべき重要基幹産業の筆頭に挙げていました（＊５）。こっそり行ってきた身元調査を、特定秘密保護法や原子力従事者の「信頼性確認」では、よりあからさまに、かつ体系的に行なおうとしていると言えます。**

＊3　「原子力施設における核物質防護対策の強化について」……経済産業省のホームページより閲覧が可能。「総合資源エネルギー調査会原子力安全・保安部会（第19回）　資料４　原子力施設における核物質防護対策の強化について」（http://www.meti.go.jp/committee/materials/downloadfiles/g41224b40j.pdf）

＊4　「有識者会議報告書」……秘密保全のための法制の在り方に関する有識者会議が、２０１１年8月8日に発表した報告書。「秘密保全のための法制の在り方について（報告書）」（http://www.kantei.go.jp/jp/singi/jouhouhozen/dai3/siryou4.pdf）

＊5　「警備公安資料整理要綱」……広中俊雄著『警備公安警察の研究』（岩波書店／刊）参照。

●調査は、一般のひとびとにまで

原発の中は危ないところがいっぱいあって、バルブひとつ開けただけで、作業している場所から遠く離れた原子炉の出力が上がることがあります。それは安全性の問題であると同時に、誰かが意図的にそういうことをすればテロになってしまいます。だから、安全の情報とテロの情報というのは、ほとんど表裏一体です。テロを防ごうとしたら、安全に関する情報も隠さないといけない。そしてそこに関わるひとたちについては、徹底した身元調査をしないといけないということになります。

徹底した身元調査が法的に認められてくると、原発の近くの住民や核燃料の輸送ルート周辺の住民についても、非公然の「調査」が強化されることになるでしょう。反原発・脱原発運動の参加者についても、いままで以上に調べ上げると思います。

とは言え、そうした調査がテロ対策として有効かどうかについては、疑問視されています。「警察学論集」（立花書房／刊）２０１３年３月号の特別鼎談「核セキュリティ」で、ＮＨＫ報道局　科学・文化部の大崎要一郎《おおさきよういちろう》記者が「家族を脅迫されたら、いわゆる信頼性確認におけるテロリストの類型に当てはまらないような人が簡単にテロリストになるわけですよね。アメリカ（合衆国）のいろいろな調査研究などでも、テロリストを類型化してみると、信頼性確認で除外している人ほど実はテロリストになりやすいみたいなデータがあるとか」と述べていました。

原発の近隣の住民に関しては、このひとは反対なのか賛成なのか、誰を通じて働きかければ考えを変えさせられるか、集落内の人間関係はどうかといったことを、電力会社はこれまでも調べていました。自社の事業を円滑に進めるための調査です。警察は、社会的な運動を抑え込むために、その参加者を調べます。電力会社と警察それぞれが調べていた情報が、これまでもある程度の共有はあったかもしれませんが、今後はさらに一本化されてくると思います。

実例をあげましょう。１９９４年に中部電力の役員に対して、原発立地工作のためにむだに使った金額を会社に返すよう訴えた株主代表訴訟が行われました。そのとき役員側は「原告たちは株主の利益のためではなく、反対運動のために訴訟をやっている」ことを証明しようと、原告のひとたち25人全員について、一人ひとりがいつどの原発反対集会に出ていたかという一覧表を裁判所に出しました。裁判が起きる何年も前からの記録がすでにあること自体おかしいでしょう。ずっとそういう調査をして記録をとっていたということです。電力会社だけでできることではないでしょうから、警察の情報が入っているはずです。いままでも行われてきた非公然の身元調査・行動調査が、今後はより徹底的に行われるのだと思います。

ちなみに原子力規制庁の池田克彦《いけだかつひこ》長官は元警視総監、黒木慶英《くろきよしひで》原子力地域安全統括官は元警視庁警備部長、杉本伸正《すぎもとのぶまさ》核物質防護室長は元警察庁長官官房総務部長です。原子力規制庁が発足した当時の資料では、他にも14人の警察庁出身者がいるとされています。

●反対運動を恐れての「調査」

原発の近隣の住民や反原発・脱原発運動の参加者に関しては、電力会社も国も、とにかく情報を集めています。いわば一方的に、わたしたちの情報を得ているわけです。経済産業省資源エネルギー庁では原発に批判的な発言を監視しています。２０１１年7月23日付の東京新聞によれば、資源エネルギー庁が、新聞や雑誌の記事を監視する事業を年間１０００万～２４００万円で財団法人 日本科学技術振興財団などに外部委託していたそうです。

古い資料ですが、チェルノブイリ原発事故のあとに反原発運動が盛り上がったとき、国がつくった反原発対策のマニュアルのようなものがあります（20ページ、資料4）。

作成した当時の科学技術庁は、原子力委員会の事務局などを担当していました。現在の文部科学省は高速増殖炉の「もんじゅ」くらいしか扱っていないのですが、当時は科学技術庁が、原発を進める中心のひとつだったのです。**反対運動について調査・分析をし、国、電力会社、メーカー、関係法人の集まりを設けていたようです。その場には警察の関係者もいたかもしれません。**お役所の人間が「反原子力運動の情報を統一的に収集」なんてできるわけがないので、元の情報は警察だと思います。

最新の「反原発対策のマニュアル」は入手できていませんが、いまでもきっと似たようなものがつくられているのでしょう。

●国の情報も、民間の情報も制限される

特定秘密保護法がこれほど早く成立するとは、わたしたち市民も思っていませんでしたが、政府側の人間も思っていなかったようです。そのため、特定秘密保護法の成立の前に、前述の「原子力に関わる信頼性確認制度」を先行させようとしていました。「第2回 核セキュリティに関する検討会」（＊6）で、岩橋《いわはし》修《おさむ》全日空顧問（元近畿管区警察局長）が「日本に分野横断的な信頼性確認制度があれば、原子力の規制をその一環としてできるが、いま日本にはその制度がないため、原子力に限定して先行するのがいいと思う」といった発言をしていることから

資料4／「最近の反原子力の動きとその対応」

Ⅰ.最近の反原子力の動きの特徴

最近の反原子力の運動は従来と異なっており、主な特徴は以下の通りである。

1.感情的・情緒的反対

2.素人に分かりやすく、かつ単純明快な論旨

3.大衆誌などのマスメディアを通じ、一般大衆を対象

4.反対運動の横のつながり

5.運動の担い手は都市部などの若年層、主婦層などが中心

Ⅱ.今後の対応について

1.有機的な対策の展開

今回の反原子力運動は幅広い論点に立って行われており、一般層へ深く浸透していると考えられるので、 国、電力、メーカー、関係法人で分担して、緊密な連携をとりつつ対処する。

また、政府内においても、関係省庁間の連絡を密にし、一丸となって広報に取り組んでいくこととしている。

2.反原子力運動の分析機能強化と反論作業

反原子力運動の情報を統一的に収集し、それを分析する機能を抜本的に強化する。また、これら原発運動への反論については、現在、関係者で行われている作業を支援するともに、必要に応じてこれを強化充実する。

3.広報対象・方法の転換(全国的な広報や草の根広報へ)

都市部や原子力施設のない所での反対運動も問題になりつつあり、原子力サイトでの広報だけでなく、全国的な広報を進める。

また、地域のオピニオン・リーダーや都市部の主婦層などへの働きかけを主体に草の根広報を強化する。なお、その際、電力、メーカー等の社員、国、自治体の職員からの口コミ広報を活用する。

4.海外情報の収集、国際機関の活用

TMI周辺の放射能による人体の形響の有無、チェルノブイリ周辺の状況、ラップランドなどヨーロッパで特に放射能汚染が話題になっているところの状況等を確認するため、 関係方面に働きかけて、調査団を派遣する。また、派遣に当たって記者に参加を呼びかける。

さらに、反原子力の材料に海外の実状が用いられた場合に、これにすぐ対応できるように、あるいは各国の反原子力運動の情報交換や広報活動の意見交換ができるように、国際機関等における連携を強化するとともに、国際的なシンポジウムを開催する。

5.推進側スピーカーの養成

反対側のアジテーターに対抗するため、原子力推進側のスピーカーを多数養成するとともに、反対側からの個人攻撃を受けないよう、関係者でサポートする。

6.上記施策に必要な人員、予算の確保

出典:1988年5月26日付「最近の反原子力の動きとその対応」(科学技術庁)

TMIはスリーマイル島の略。すべて表記ママで引用。

資料提供:西尾漠さん

も、それから4ヵ月も経たないうちに法案が成立するとは思いもしていなかったことがわかります。特定秘密保護法制定の強引さは、このことからも知れるわけです。ともあれ、成立してしまったことにより、原子力の制度にも手を入れやすい、推進側にとって「理想的なかたち」となってしまいました。

「理想的なかたち」とは、要するに国の情報と民間の情報、どちらも容易に秘密にできるということです。もともと政府筋のひとたちすら、特定秘密保護法というのは成立しないだろうから、原子炉等規制法の改訂を先にやろうとしていました。ただ原子力の法改訂を先にやると、「どうして原子力だけ、そんな規制をするんだ」ということになります。どちらも先行して整備するのが難しかったはずのものが、一気に特定秘密保護法ができてしまったので、割とラクに国の情報と民間の情報、どちらも秘密にできるようになりました。しかも、「原子力だけ特別」と反対されないで。

＊6 「第2回 核セキュリティに関する検討会」……原子力規制委員会のホームページより閲覧が可能。「核セキュリティに関する検討会 平成25年7月8日第2回 議事録」(http://www.nsr.go.jp/committee/yuushikisya/nuclear_security/data/20130708-security.pdf)

第２章　これまで隠されてきたこと

●事故が起きたことすら、隠したい

原発にまつわる情報というのは、本当にいろんなことが隠されてきて、大きな事故の存在も隠されてきました。むしろ、大きい事故ほど隠されるようなところもあると思います。

大きな事故の例で言うと、１９７３年３月、関西電力美浜原発１号機で燃料棒が折れる事故が起きました。関西電力は事故をないものとして隠し、こっそりほかの燃料棒と交換していました。結局は内部告発があり、国会で問題になって、そこでようやく認めるというかたちになったわけです（資料５）。**内部告発で発覚した事故・不正（主な一覧は24ページ、資料６）というのは、それがなければ隠されたままだったということです。すなわち、いまも隠されているものがあってもおかしくないということになります。**

日本原子力文化振興財団（原子力推進の視点から情報を提供する一般財団法人）が１９８１年５月８日に発行した「プレスレリーズ」には、こんなことが書かれていました。

「すべてのトラブルを細大漏らさず公表していけば、たぶん日本全国の原子力発電所の運転は不可能に陥るだろうし、そのような公表が国民の利益にかなうとは、にわかに首肯しがたい」

資料5／1976年　美浜1号機　燃料棒折損事故

1973年3月以前のいつか、関西電力美浜原発1号機の燃料棒折損事故が発生。
事故の存在は隠され、1976年12月まで、関西電力は事故の事実を認めなかった。

・事故の発生
　1973年3月はじめ、燃料棒2本が折れ、燃料を収めた金属管の破片や燃料の一部が炉内に落下した。それらが炉内をぐるぐるまわっていた可能性もあり、さらに深刻な事故にもなり得た。

・内部告発
　1976年4月、事故について内部告発を、当時、雑誌『展望』（筑摩書房／刊）に小説「原子力戦争」を連載していた田原総一朗（＊）さんが受け取り、7月に単行本として出版する際にドキュメントとしてそのことを加え、公表した。

・事故の公認
　内部告発の公表により、関西電力を石野久男議員（当時）が衆議院の科学技術振興特別委員会で追及。1976年末にようやく、関西電力は事故の事実を認めた。

＊田原総一朗さん……ジャーナリスト。映画製作所勤務、テレビ東京勤務などを経てフリーに。著書の『原子力戦争』（筑摩書房／刊のち講談社文庫）は映画化もされている。

資料提供：西尾漠さん

２００２年の夏には、東京電力の「原発トラブル隠し」が発覚しました。8月29日、経済産業省の原子力安全・保安院（２００１年資源エネルギー庁から独立〜２０１２年／原子力規制庁の中心的な前身）が、東京電力が行なった自主点検の報告に不正の疑いがあると発表したのです。福島第一、第二、柏崎刈羽の３つの原発の計17基中13基で、重要な機器のひび割れや摩耗などを隠蔽していたもので、同日、東京電力は記者会見で事実と認めました。隠蔽発覚の出発点は内部告発で、資源エネルギー庁がゼネラル・エレクトリック・インターナショナル社の元社員から告発の手紙を受けたのは２０００年の7月3日のこと。発表までに2年以上かかっていることから、経済産業省も隠蔽の共犯だとする見方が、原発の地元自治体からも強く出されていました。

資料6／内部告発で発覚した主な事故・不正

発覚した年月	内容
1976年7月	美浜1号機で燃料棒の折損事故（23ページ、資料5）。
1982年9月	美浜1号機で蒸気発生器伝熱管損傷に違法の施栓工事。
1989年11月	志賀1号機の基礎工事にデータ改ざんの鉄筋使用。
1991年7月	「もんじゅ」の配管に設計ミス。
1992年3月	「もんじゅ」の蒸気発生器伝熱管内で探傷装置が詰まるトラブル。
1995年11月	動力炉・核燃料開発事業団東海事業所でプルトニウムに不明量。
1997年9月	日立製原発の配管溶接工事で焼鈍データ捏造。
1998年10月	使用済み燃料輸送容器遮蔽材のデータ改ざん・捏造。
1999年9月	BNFL製MOX燃料の検査データ捏造。
2002年8月	東京電力が自主点検の虚偽報告。他の不正発覚に波及（23ページ）。
2003年12月	柏崎刈羽原発で管理区域から廃棄物を持ち出し処分。
2006年1月	東芝が計器の精度データ改ざん。
2006年11月以降	各原発でさまざまなデータ改ざん・捏造・偽装。
2010年3月	島根原発で検査漏れが日常化。

資料作成：西尾漠さん

その後、さらに次々と原発のトラブル隠しが判明します。東京電力だけでなく、不正はほかの電力会社でも見つかりました。自主点検ばかりでなく、東京電力の福島第一原発1号機では２００２年９月25日、法に定められた定期検査の際の試験データが「社内用」と「立ち会い用」に仕分けされている恒常的な偽装までが発覚しました。立ち会いとは、当時で言えば原子力安全・保安院の電気工作物検査官が試験に立ち会うことを言います。定期検査は本来、検査官が行なうべきものですが、現実には立ち会いないし記録の確認をすることが「検査」の中身となっているのです。この偽装に対し経済産業省は、11月29日、同機を1年間の運転停止処分としました。

その後もなお、２００４年、２００５年、２００６年とトラブル隠しは跡を絶ちません。２００６年11月30日に経済産業省は全電力会社に不正の総点検を指示、**２００７年３月３０日には、電力各社から原発だけで97事例４５８件という不正の点検結果報告が出されました。まさに底なしの不正です。それも、コンピュータプログラムの改変だの、計器配線の変更だのと、きわめて意図的かつ恒常的な手口、隠蔽のための積極的な偽装が目立ちます。**

●白抜きの資料を「公開」？

裁判で文書提出命令が出されたりすると、国も電力会社も、はじめからその情報を公表していたような顔をして、一般に向けて情報を公開するなどということもありました。１９７３年に、四国電力伊方発電所1号機の原子炉設置許可取り消しを求める裁判が起きました。その裁判で１９７５年５月に松山地裁、７月に高松高裁で、国に対して安全審査の資料を公開するようにという文書提出命令が出たのです。そのとき国は、すごく姑息なんですが、裁判で住民に要求されたから出した、というかたちではなく、自分たちが自主的に出した、というかたちで資料を公開しています。

なおかつ、裁判所からの命令だったにも関わらず、海外メーカーのウェスチングハウス・エレクトリック社（Westinghouse Electric Company）の「高度の企業秘密」だとして、その資料のかなりの部分を白紙のコピーで出しています。「公務員の守秘義務」だとか「企業秘密」だとする国側の主張に対し、**裁判所は、「公務員等の職務上の秘密とは、職務上知り得た事項で、これを公表する事によって、国家の利益又は公共の福祉に重大な損失又は不利益を及ぼすような秘密」だとし、「利潤の追求を主目的とした一企業の営業に関する秘密」はそれに当たらないとしました。**にも関わらず、判決で不利になってもいいからと、情報を隠し通したのです。残念ながら判決ではそのことは問題とされず、松山地裁、高松高裁、最高裁とも住民の訴えを退けるものでした。

●隠したいことは、立場によって違う

電力会社と国、当時で言うと通商産業省の資源エネルギー庁との間で、どういうふうに事故

を発表するか「発表文の一字一句にチェックが入る」と１９９２年10月27日付の日経産業新聞に書かれていました。１９８６年11月27日の衆議院科学技術委員会では、通商産業省から日本原子力発電に対する事故隠しの指示が明らかにされました。小澤克介議員（当時）が入手した日本原子力発電の内部文書「官庁折しょうメモ」には、同社の敦賀原発１、２号機のトラブルについての資料のチェック結果として、「ＭＩＴＩ（通商産業省）」と「ＪＡＰＣ（日本原子力発電）」とのやりとりが記されていました。ＨＰＣＩは、緊急炉心冷却装置のひとつである高圧注入系の略です（原文のままで引用）。

ＭＩＴＩ「敦１はＯＫ、但し公開要求があったらＨＰＣＩトラブルについては非公開と主張すること」

ＪＡＰＣ「了解」

ＭＩＴＩ「敦２の出力変動の記載細かすぎる。もっと簡略化できないか。ここまでプラント挙動が公開されるのは困る」

ＪＡＰＣ「何時何分に出力変動があったかを記載するよう Format 定められており、訂正困難。試運転時なので細かくなる」

ＭＩＴＩ「今回は、このままでよいが、来月以降、詳細は別添にする等検討してほしい」

ＪＡＰＣ「難しいが検討してみる」

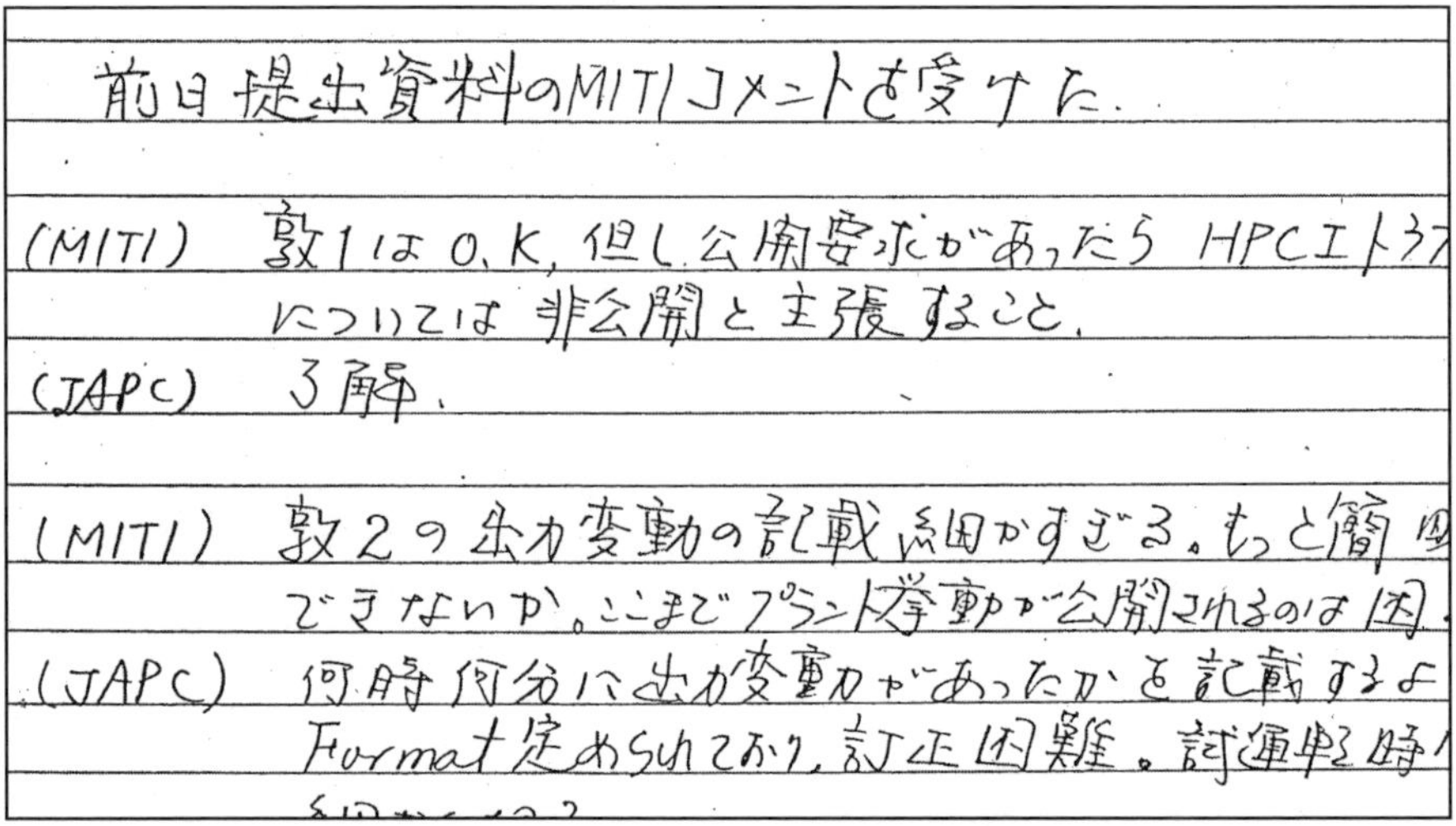
前日提出資料のMITIコメントを受けた。
(MITI) 添1はO.K, 但し公開要求があったら HPCIトラブ
については 非公開と主張すること。
(JAPC) 了解。
(MITI) 添2の出力変動の記載細かすぎる。もっと簡略
できないか。ここまでプラント挙動が公開されるのは困。
(JAPC) 何時何分に出力変動があったかを記載するよ
Format定められており、訂正困難。試運転時は

日本原子力発電「官庁折しょうメモ」(1986年10月14日)の一部。この手書きメモの上部には、通商産業省側と日本原子力発電側の出席者名や、メモ作成の年月日、作成者名などが記されている。(西尾漠さん提供)

電力会社は電力会社で、国は国で、事故についての情報を隠そうとする。そうすると、かならずしも同じところを隠そうとするわけではないんですね。事故の中身については、むしろ電力会社よりも、資源エネルギー庁のほうが隠したがったようです。企業秘密のような部分は、電力会社が出したがりません。メーカーとの関係で、メーカーから提供されている情報を電力会社が勝手に出せないということがあるのだと思います。伊方原発の裁判でも、最後まで隠されたのはメーカーの情報でした。海外のメーカーだったから、余計に隠されたのでしょう。

●情報公開は、少しずつでも進んできたはずが

パターンとして、最初のうちはなんでも隠

していて、そのうちいろいろ隠しきれなくなって、少しは情報公開するようになります。事故が発覚して社会的な関心が高まると、世論に押されるかたちで公開することになるわけです。かつては政府の委員会にしても、議事録すらつくられておらず、もしくは議事録をつくっていたとしても、一般のひとではなかなか手に入らず、会議の内容が公開されていませんでした。

いまは、ほとんどの会議を傍聴できますし、ウェブ上で中継されたりもしています。会議に出された資料や議事録は、原則として公開されています。原子力規制委員会では、記者会見の議事録も公開しています。昔と違って、インターネットを活用すれば公開するほうもラクだということもあるのでしょう。そうやって**情報公開がある程度進んできたはずなのに、特定秘密保護法によって今度は法的に「隠せるものは隠す」と変わります。そのうえ本来は隠すべきものでなくとも、「法律があるから」と情報を隠す口実に使われていく。むしろ、いままで以上に多くのことが隠されていく可能性は充分にあると思います。**「核セキュリティに関する委員会」については、原子力規制委員会も言っているように、議事録も資料も出なくなるでしょう。

公開されている情報が、公開されなくなる可能性だってあり得ます。たとえば、安全審査のときに用意される様々な資料というのは、いまは国立国会図書館などに行けば見られるようになっています。最初は公開されていませんでしたが、前述のように裁判のなかで公開しろという命令が出て、公開されるようになったものもあります。企業秘密などで白く抜いているところはありますが、一応のところはわかります。**核テロ対策を名目に秘密の範囲が広がってくる**

と、白抜きのところがもっと広がるのか、そもそも情報が出てこなくなるのか、そんな可能性も否定できません。

●福島第一原発の事故での情報隠し

東京電力福島第一原発（以下、福島第一原発）の事故のときにも、原子炉がメルトダウン（炉心融解）したことを2ヶ月も公式には認めなかったのをはじめ、重要な情報がいろいろと隠されていたことが明らかになっています。２０１２年9月22日に行われた「世界知る権利デー記念フォーラム」（情報公開クリアリングハウス主催）で、原子力委員会の鈴木《すずき》達治郎《たつじろう》委員長代理が、ＳＰＥＥＤＩ（＊７）と「最悪シナリオ」（＊８）のふたつを挙げて「反省すべきだった」と言っています。ＳＰＥＥＤＩのことは有名ですね。もうひとつあとから大きな問題となったのは、「最悪シナリオ」という、最悪の場合にどんなことが起こるかということを原子力委員会の近藤《こんどう》駿介《しゅんすけ》委員長がまとめたシナリオです。ＳＰＥＥＤＩのデータが事故後すぐに公開されていたとして、その情報がどこまで役に立っていたかには疑問もありますが、だからと言って、もちろん隠していていいものではありません。**福島第一原発の事故では、より汚染された地域に避難してしまうとか、汚染地域に長くとどまるなどして、余計な被ばくをしてしまいました。SPEEDIのデータが公開されていたら、そんな過剰被ばくをずっと小さくできたと思われます。**「最悪シナリオ」も、確かに公開の仕方によってはパニックになることもあり得るので、それは気を使わないといけないところですけれど、結局は公表の仕方によります。

事故当時はなんでも「この情報を出すとパニックになる」と抑えてしまっていましたけれど、パニックにならないように、ちゃんと説明をつけて情報を出せばいいわけです。政府はそういうことがへたで、怖がっているところがあるのだと思いますが、むしろ情報を隠すほうが、インターネット上などでの怪しげな情報に踊らされることになります。

＊７　ＳＰＥＥＤＩ……緊急時迅速放射能影響予測ネットワークシステム（System for Prediction of Environmental Emergency Dose Information／略称ＳＰＥＥＤＩ）は、原子力施設から大量の放射性物質が放出、もしくは放出のおそれがある場合に、放射性物質の環境への拡散を、気象および地形データを基に予測するシステム。事故当時、「停電で情報通信手段が失われ、放射能の放出源情報が得られなかった」として、ＳＰＥＥＤＩの情報はすぐに公開されなかった。２０１１年5月になり、放射能の放出量を仮定して計算したものが発表された。公表されなかった理由として、「住民がパニックになるから」ということが挙げられている。

＊８　「最悪シナリオ」……２０１１年3月25日、原子力委員会の近藤駿介委員長が「不測の事態」による最悪の状況を予想し、まとめたシナリオ（http://www.asahi-net.or.jp/~pn8r-fjsk/saiakusinario.pdf）。菅首相（当時）の要請により、最悪の状況を想定した文書が作成されたが、「強制移住をもとめるべき地域が１７０キロ以遠にも生じる可能性」や「移転を希望する場合認めるべき地域が２５０キロ以遠にも発生することになる可能性」があるとの指摘に、被災地の住民だけでなく国民がパニックにならないよう、公表および公文書扱いにすることをしなかった。首相補佐官（当時）の細野原発事故担当相はのちに、「シナリオ通りになっても、住民の避難は可能と考え、公表しなかった」とも発言している。

● 出てこない情報

ほかにも細かく言えば、隠していたことは無数にあるでしょう。東京電力が持っていた情報も、ほとんどすぐには出てきませんでした。情報すべてをチェックする能力がわたしにはありませんが、いまでも隠していることがあると思います。

「核拡散防止」や「核セキュリティ」に関する情報は、まったくと言っていいほど出てきていません。核物質を含む燃料などが持ち出されたりしないように、原子炉のフタには封印をし、使用済み燃料プールもカメラで監視をしていることになっているのですが、それらが健全であるかどうかということは明らかにされていません。メルトダウンをして溶けた燃料の中の核物質の量や、原発から環境中に飛び出してしまった量についても、荒っぽく推定するしかないにせよ、確認が求められます。それらを足し合わせて、もともとあった核物質の量と同じになることを確認しなくてはいけない。

核物質を扱うということは、それだけやっかいなことなのです。事故が起こる前に燃料がこっそり持ち出されていたとは考えられませんが、核拡散防止の上では、それを確認する必要があります。少なくともある程度の確認ができなくては、使用済み燃料プールから燃料を取り出すことも許されないはずですが、そうした確認状況についての情報は、まったく公開されていません。

第3章　「秘密」こそが核武装を可能にする

●テロ対策と安全対策は表裏一体

福島第一原発の事故によって、ある意味、テロというのは簡単にできてしまうことをおしえてしまったところがあります。「素性」のわからないひとでも容易に原発で働けたことが、そのひとつです。また、自然災害に弱いということは、人工的に自然災害と同じことを起こせば原子力発電所の破壊工作ができるということを意味しています。実際には福島第一原発の事故の前からわかっていたと思うんですけれど、今回の事故で「テロへの弱さ」がわかったのだと、そういうことになっています。

２０１３年12月16日付の朝日新聞夕刊に「テロに弱くなるから、原発の情報を隠していた」という記事が載りました。情報が隠されたことによって、具体的な安全対策もできなかったのです。だから、テロ対策というものと安全対策というものは、表裏一体だと思うんです。前述の「第2回核セキュリティに関する検討会」で懸念する声があったように、身元調査を受けていないひとは、事故時の危険を回避するための作業が必要な事態が生じても、特定の施設内に入れないなど、「安全性への影響が措置によっては出てくる」（大島賢三《おおしまけんぞう》原子力規制委員会委員・

元国際連合日本政府代表部特命全権大使）でしょう。いや、それよりも、**秘密保持のために身元調査・罰則ありきの抑圧的な就労環境こそが、安全に影響を与えると思います。**

核物質の輸送情報も、なにかあったときには対応できるように、以前には輸送があることをちゃんと広報車で住民に知らせて、もちろん消防署などにも連絡していました。ところがその後、１９９２年４月に科学技術庁の通達によって、さらに２００５年５月には原子炉等規制法にも秘密にすることが追加されて、周知することができなくなったわけです。事故が起きて、仮に放射能が漏れだしたとしても、住民にはそのことがすぐにはわからないということになりますね。消防などの対応も遅れることになりかねません。**テロ対策のために隠してしまうと、安全の確保ができないことのひとつです。それでも国や電力会社は、秘密にしたいのです。核物質を奪われたりしないようにと言うのですが、公開されていれば、衆人環視の下で強奪なんてできるはずがありません。秘密にするほうが、かえって奪われやすいのではないでしょうか。**

核物質の中でも、とくに問題となるのがプルトニウムです。たとえば、日本が保有するプルトニウムの量は毎年発表されています（＊９）。２０１２年末には約44トンになっていました。とは言え、そのうち35トンはイギリスとフランスの再処理工場に委託して取り出してもらったもので、両国内に貯蔵されています。日本国内に保有している分とは違い、日本が自由に核兵器に転用することはできないと言えるでしょう。

青森県の六ヶ所再処理工場を動かせば、日本の国内にプルトニウムが貯められることになります。同工場がフル操業に入ると、1年間に約8トンのプルトニウムが取り出されるのです。製造時のロスを含めて8キログラムで長崎型原爆1発がつくれるとされていますから、1000発分ということになります。そこで1000分の1たりとも核兵器に転用されることのないよう、IAEA（International Atomic Energy Agency／国際原子力機関）では厳しい管理を行います。とは言えIAEAにも、大量のプルトニウムを扱う工場の保障措置（核兵器に転用されていないことを検認する措置）の経験はまったくありません。イギリスやフランスの再処理工場は、核兵器保有国の施設のため、IAEAの保障措置は行われていないのです。

このため**IAEAでは、当事者の日本原燃や日本政府も含めて国際的な検討を行い、さまざまな対応策を組み合わせることで核兵器に転用されていないことを検認できるとしました。それでも、どうしても計算上は行方不明になってしまうプルトニウムの量が、年間に20〜30キログラムになるといいます。仮にそれが数発の核兵器に転用されても、IAEAの査察では検知できないのです。**

＊9　日本が保有するプルトニウムの量……内閣府原子力委員会によって発表されている。2013年は、9月11日に行われた「第34回原子力委員会臨時会議」の中で、「我が国のプルトニウム管理状況」と題した報告がされている（http://www.aec.go.jp/jicst/NC/iinkai/teirei/siryo2013/siryo34/siryo1.pdf#page=1）。

●なんのための情報公開なのか

核拡散を防止するために情報を秘密にするというのも、よく考えてみると変な話ですね。核拡散というのは国が核兵器を持つということですから、**情報を国が隠してしまったら、容易に核兵器を持ててしまうことになります。**

核拡散の危険性については、日本政府の核政策が問題となります。いまのところ、核兵器の保有能力は持つが保有はしないという政策のようですが、いつ保有に傾くかわかりません。そのとき、秘密こそが核保有を可能とします。だからこそ、原子力基本法は「民主・自主・公開」の平和利用３原則を明記したのです（資料７）。「公開の原則」というのは、あくまでも原子力は「平和利用」に限定するというのがいちばん大きな目的だったわけで、そこで情報が隠されたら、平和利用そのものが危なくなってきます。

日本がすぐに核武装しようと考えているとは思いませんが、必要ならばすぐにできるような状態を保っておきたいというのが国の姿勢です。かつて原子力委員会委員長代理を務めた有沢《ありさわ》広巳《ひろみ》さんが亡くなられた１９８８年、３月８日付の朝日新聞コラム「今日の問題」に、原子力委員会の中でもそういう考えがあったと書かれていました。有沢さんは委員会を去る際、「どういうふうにしたら原爆がつくれるかという、ごく基礎的な研究ならやってもいいのでは、という話が何度もあった」ことを明かしました。おそらくそのあとも、似たような話が原子力委員会の中であったかもしれません。以前は委員会の傍聴もできず、議事録も公表されていなかったので、確認ができないのです。

政府の憲法解釈では、核兵器は自衛のためなら持ってもいいということのようです。ただし、

資料7／原子力基本法（昭和三十年十二月十九日法律第百八十六号）抜粋

●（目的）

第一条　この法律は、原子力の研究、開発及び利用（以下「原子力利用」という。）を推進することによつて、将来におけるエネルギー資源を確保し、学術の進歩と産業の振興とを図り、もつて人類社会の福祉と国民生活の水準向上とに寄与することを目的とする。

●（基本方針）

第二条　原子力利用は、平和の目的に限り、安全の確保を旨として、民主的な運営の下に、自主的にこれを行うものとし、その成果を公開し、進んで国際協力に資するものとする。

2　前項の安全の確保については、確立された国際的な基準を踏まえ、国民の生命、健康及び財産の保護、環境の保全並びに我が国の安全保障に資することを目的として、行うものとする。

出典：e-Gov　原子力基本法より抜粋（http://law.e-gov.go.jp/htmldata/S30/S30HO186.html）

いまは核兵器を持たないほうが、外交政策上で有利だから持たないだけなんですね。核兵器を持つと言っても、いくつかの国が核実験をやってみせたようなことを日本がやっても意味がないわけです。やるのなら本格的な核武装をしなければならないわけで、そんなことは簡単にはできない。それよりも、「つくる気になればつくれるけれど、つくりません」と言うことによって、有利な状況にしたい。核兵器を持っている国の最後につくよりは、核兵器を持っていない国の代表として核兵器保有国と交渉するほうが、外交的には有利だというのが、日本の基本的な外交政策の考え方です。ただし、そのためには、いつでも核兵器をつくれるという状態になっていないといけない。そうすると、国際情勢によっては実際に核兵器を持つようになる可能性も、ゼロではありません。そのときに、**情**

報公開が完全に封じられてしまえば、政府がこっそり核兵器の製造に動いたとしても、わたしたち市民はチェックができないということです。

特定秘密保護法は、「戦争をすることができる国家づくり」のための軍事立法だと言われます。その先には核武装も視野に入ってくるでしょう。**大きな事故ほど隠されるのと同様に、重大な問題こそが隠されます。特定秘密保護法があると、内部告発も期待できません。**

●「安全確保」と「安全保障」

実は、原子力基本法の基本方針の中に、「安全の確保」ということは、最初は明記されていませんでした。原子力船「むつ」の事故（＊10）があって、原子力行政懇談会がつくられ、原子力行政の見直しが行われたわけです。その当時は原子力委員会が、安全規制と推進の両方をやっていたのですが、安全規制と推進を分けるべきだと結論が出て、原子力安全委員会をつくりました。それに合わせて、原子力基本法の中にも「安全」という定義を入れたというわけです。

そうして安全ということを言うようになったんですけれども、かえって、**もともとは平和利用のために情報公開するということになっていたのが、「核セキュリティ」という安全の確保のために情報を隠すということがあり得るようになってしまいました。**

「安全保障」が原子力基本法の基本方針に加わったのはもっと最近のことで、２０１２年６

月20日に原子力規制委員会設置法が成立したときです。「我が国の安全保障に資する」という文言が、同法のみならず原子力基本法にまで持ち込まれたのです。国会答弁で自民党の提案者は「あくまでも我々の思いは、軍事転用をしないという思いで入れさせていただきました」と言いましたが、韓国では「日本、ついに核武装への道を開く」と報じられました。特定秘密保護法でも、目的のなかに「我が国の安全保障」ということばが出てきます。「我が国の安全保障」に関する情報が、特定秘密に指定されるのです。

＊10　原子力船「むつ」の事故……原子力実験船「むつ」は、１９７４年9月1日、青森県沖の太平洋上で行われた初の原子力での航行試験中に放射線漏れが発生。出発港だった青森県むつ市の大湊港の漁民の強い反対で、50日間帰港できなかった。

●特定秘密が生み出す自己規制と口実

特定秘密保護法の成立によって、公務員や電力会社のひとなどが、法的には問題ない情報でも出さないように自己規制したり、内部告発をためらったりしてしまうことが、さらに増えると考えられます。ひょっとしたら法律に触れるかもしれなくて怖いから「情報を出さない」という場合と、法に触れないのはわかっていても、それを口実として「情報を出さない」という場合の、両方があり得るでしょう。

２００５年2月18日に、秘密保護制度の導入などを定めた原子炉等規制法の改訂案が国会に提出されたとき、前日の2月17日付の日経産業新聞に「情報公開のわずらわしさから解放されたいという誘惑も働く」という東京電力の中堅幹部というひとの本音が載りました。情報公開というのは、電力会社にとってわずらわしいんですね。出していいところといけないところのチェックなんかも必要になりますから。世論や裁判所の請求で、結局は情報を出さざるをえなくなっていることも多々あります。けれど特定秘密保護法が成立したいまは、「やっぱり出しません」ということになるかもしれません。

法律を、情報を出さない口実にするというのは、国や電力会社がいままでもずっとやってきたことです。別に隠さなくていいようなことまでも隠してきました。たとえば、個人情報保護法が２００３年5月30日に施行されると、それを口実にして、放射線従事者中央登録センター（放射線影響協会運営の被ばく線量管理機関）で労働者に本人の被ばく量でさえおしえないといったような、おかしなことまでありました。

あるいは電気事業を自由化するという、それ自体はいいことなんですけれど、自由ということは電力会社間で競争になるので、競争に差し支える情報は隠す、ということが起きています。いままでは公開されていた情報が出なくなってしまう。電気料金について言えば、わたしたち市民が払っている電気料金は国の認可が必要で、金額もその根拠になる経理データも公表されているんですけれど、企業が払う電気料金は、電力会社が勝手に決められるので、そうすると、その価格は隠されてしまいます。自分のところで払っている電気料金と、大きな会社で払っている電気料金がどれだけ違うのかということも、いまはもうわからなくなっているんですね。

なんでも隠すための口実に使われてしまう。

２００１年９月11日にいわゆる「同時多発テロ」（＊11）が起こると、アメリカ合衆国の原子力規制委員会（Nuclear Regulatory Commission／略称ＮＲＣ）がウェブサイトを閉じるなど、原発に関するさまざまな情報が隠されてしまいました。

原発に航空機が激突するような事態は「想定外」として、政府も電力会社も無視してきました。テロのこわさより、航空機の激突など飛来物に対する原発の脆弱性が問われるべきなのに、テロ対策の名の下に、そうした原発の問題点に関する情報が秘匿されてしまうのです。脆弱性は航空機に対するものばかりでないことは、言うまでもありません。

もともと隠された部分の大きい原発の姿がますます見えなくなる一方で、わたしたちの側については、あらゆる情報が収集され、監視され、管理されようとしています。その管理の手の内がまた、秘密なのです。そんなことをしても、テロと事故とを問わず、原発の破壊を防げないのは自明のことです。事態をむしろ悪化させる「テロ対策」ではなく、テロの原因となる社会的な不正義や環境破壊、差別と貧困をなくすことにこそ、力を注ぐべきでしょう。根本的な「原子力テロ対策」は、早急に原発を廃止することです。

特定秘密保護法は、原発のことに限らなくとも、無用な自己規制と口実を与えるものだと思います。

＊11　同時多発テロ……２００１年９月11日に４機の航空機がハイジャックされ、アメリカ合衆国ニューヨークの世界貿易センタービルやワシントン郊外の国防総省本庁舎に突入して３０００人を超す死者を出した事件。１機は原発を標的にしていたとも言われる。

第4章　反対の運動を続けていくことで

ます。

●特定秘密保護法を崩すものは世論！

いまの状況を変えるには、どうしたらよいのか。基本的には世論ありきということだと思います。

今回の特定秘密保護法では、安倍首相が強行採決をしてしまいました。たしかに与党に数があれば、法案の成立はできてしまいます。ただ、その勢いを長く続けられるかどうか。世論が反対意見で盛り上がったと言っても、時間的にはちょっと足りなかったと思います。時間があれば、もっと運動が大きくなったと思うんですね。特定秘密に関する法案は、以前にも国会に提出されたものが、強い反対世論で結局成立しなかった（＊12）わけですから。今回も、もっと時間があってもっと世論が盛り上がれば、成立をとめられたと思います。市民運動で反対を示そうとすると、「この法案にはこういう問題があるんだ」ということを知らないといけないので、多少は勉強をしないといけないわけです。なんの説明をしなくても、ぱっと問題点がわかるという話でもありません。どうしても、問題を理解するのには時間がかかってしまうので、今回はその時間よりも、強行採決の時間のほうが速かったということでしょう。

それならば、**これからも反対をしていけばいいと思います。「法律ができてしまったから」とあきらめるのではなく、反対を続けていく。国会には、何度も廃止法案が提案されるでしょう。裁判所に訴えることもできます。特別な運動の仕方があるわけではありません。いままで通り、「普通の運動」をやっていくことだと思います。集会やデモもあるでしょうし、いろんなところで反対の声明を出したり、あるいは、新聞に投書をしたりするなど、できることはたくさんあると思います。**

原発大推進の安倍政権でさえ「原発依存度を下げる、当面新増設は考えない」と言わざるを得ないのです。原発推進だった野田前政権ですら「２０３０年代に原発稼働ゼロを可能とするよう、あらゆる政策資源を投入する」と言わざるを得ませんでした。世論には、少なくともそれだけの力があるのです。もっともっと世論の力を強くして、特定秘密保護法の廃止をかならずや実現させましょう。

ただ、**議員の多数を取られてしまうと、法案などは押し切られてしまいます。だからこそ、選挙が大事になってきます。**地方選挙のときでも、いまの日本にはこういう法律があって、その法律にはこういう問題があるんだと訴えるひとはいます。地方議会でも、法律に対して反対の決議をあげたりもしていますので、そういうかたちで国を包囲していけばいいと思います。住民の側からしても、国政選挙の立候補者はちょっと距離がありますけれど、地方選挙の立候補者ならそんなに遠くはないと思いますので、いろんな働きかけができると思います。

＊12　過去の特定秘密に関する法案の不成立……１９８５年６月の国会に、自民党議員による議員立法として提出された「国家秘密に係るスパイ行為等の防止に関する法律案」（実は一般市民が対象の秘密保護法案）は、12月の国会で廃案となった。２００８年４月には、自民党政権下で「秘密保全法」の検討がはじまり、民主党政権にも受け継がれて２０１１年には法案提出がめざされたものの、提出には至らなかった。

●これからの情報の求め方

これからわたしたちは、どのように欲しい情報を手に入れていくのか。

それもやはり、これまでと同じだと思います。裏から情報を手に入れようとしたりすると危なっかしい話になってくるかもしれませんし、秘密化を固定させることになってしまうかもしれません。やっぱり堂々と正面から直接、政府なり電力会社なりに情報を請求していくことです。国には、行政機関の保有する情報の公開に関する法律（情報公開法）を使います。議員のなかには怖がって情報請求をやってくれないひとがでてくるかもしれませんけれど、多くの議員に働きかけて、国政調査権（＊13）を使ってもらう。堂々と情報請求をして、それで情報が出てこないということになれば、むしろどうして出てこないのかを問題にできるわけです。

特定秘密保護法ができたいま、情報開示を拒む理由をこちらが訊けば、相手はなんらかの法的根拠を示さないといけなくなる。単純に法律を口実にしているひとは、そのうち根拠がなくなるわけですよね。核物質の輸送情報を当時の科学技術庁が秘密にしたときも、交渉を持って具体的に突き詰めていくと、どんどん根拠がなくなっていくということがありました（＊14）。それでも力づくで押し切られてしまいましたが、きちんと「情報を出さないのはなぜか」を突き詰めていくことで、一定の歯止めにはなるはずです。

特定秘密保護法という法的な整備がされると、公開する情報の範囲を簡単に変えるということは、本来はできなくなるはずです。そこは攻めどころです。ただし、放っておけばどんどんと変えられてしまうでしょう。しつこく堂々と公開を求めていくことが大事です。法的に定義が明らかにされていない「特定管理秘密」やそのほかの秘密もありますから、これらについてもきちんと反対していかなければなりません。

＊13　国政調査権……憲法上、国会の各議院がもつ、国政に関して調査を行うことのできる権利。
＊14　核物質の輸送情報の秘密の根拠を問う……１９９２年5月28日、全国１８４団体が科学技術庁に撤回を申し入れた。「原子力資料情報室通信」２１６号に西尾漠さんの報告が掲載されている。

●特定秘密保護法は、電力会社にとっても諸刃の剣？

特定秘密保護法による秘密保護の強化は、電力会社にとって情報の秘匿というメリットがあるのですが、身元調査の関係で、働くひとが集まりにくくなるというデメリットもあります。「詳しく素性を調べられたりするのなら、原発で働くのはいやだ」ということになって、働くひとが減るかもしれないわけです。いまでも、ひとが足りないと困っているのに、就職するといろいろ調べられるということで、ひとがますます来なくなるかもしれません。

もうひとつのデメリットは、「原子力発電所はこんなに安全ですよ」というPRをするには、ある程度、情報を公開しないといけないんですけれど、そういうこともできなくなってきます。

一般のひとに原発の中に入ってもらって見学してもらえば、なんとなく安全だと思ってもらえるかもしれないのに、入れてしまうとテロ対策上、問題になってしまうということにもなりかねない。電力会社にとっても、そこは痛しかゆしかなと思います。

いまは、原子力発電所の建物がどういうふうに配置されているか、設置許可申請書を見れば図面が載っているんですけれど、原発ＰＲ館では、せっかく施設のジオラマが置いてあったのすら隠してしまうとか、そういうことがすでに起きているわけです。そうすると今度は、国立国会図書館で公開されている申請書なども、「じゃあこの部分は隠しましょう」ということになっていくかもしれない。なぜなら、本当にテロ対策しようと思ったら、１００パーセント全部を隠さないといけないわけですから。どんな情報だって、その気になればテロに使い得る可能性があります。だから、どんな情報も隠していく口実になりかねません。

●原発再稼働が、原子力関係の規制を進行させるきっかけに

原発の再稼働は、テロ対策がより強化されて、働くひとの人権が国によって侵害されることをも意味してしまいます。働くひとだけでは済まず、原発周辺の住民など多くのひとの人権までも侵害するかもしれません。一方で原発の情報については、いままで以上に隠されてしまいます。再稼働すると、いままで縷々《るる》述べてきたような危惧がより具体的になってくるわけです。

２０１３年９月15日、再び日本の原子力発電量はゼロとなりました。16ヵ月前の２０１２年

5月5日に50基の原発すべて（＊15）が止まりましたが、当時の野田政権は「このままなら日本の国は立ちいかない」と、7月5日に大飯3号機、21日に同4号機の運転を再開させました。法定限度いっぱいの13ヵ月の営業運転の後、２０１３年9月2日に3号機、15日に4号機が定期検査に入り、再びゼロとなったのです。**大飯３、４号機は２０１２年７月以来、電力需要がピークに達する夏を２回迎えたことになりますが、ほかのすべての原発は止まっていました。その結果として、両機が動いていなくても日本の国は何の支障もなく立ちいくことを立証しました。**節電が定着したことは、間違いないでしょう。とはいえ、どれだけ徹底されているかと言えば、まだまだいくらでも節電の余地はあります。中小企業の省エネ投資支援策などが適切に行なわれるなら、大幅な需要削減が期待できます。

福島第一原発の事故のような原子力災害を二度と起こしてはならないし、仮に事故が起こらなくても放射性廃棄物は確実に増え続けます。その後の後始末のために、莫大な費用負担が増えることにもなります。情報統制と人権侵害が進みます。軍事利用の懸念も増します。脱原発しか解決の道はありません。**被災者や原発で働くひとたちの権利の確立と脱原発を車の両輪に、なんとしても安心して暮らせる世の中にしていきたいと思います。**

＊15　50基の原発すべて……福島第一原発の事故前には54基だったが、２０１２年4月19日に同原発1～4号機が廃止され、50基となっていた。２０１４年1月31日に5、6号機が廃止され、２０１４年2月現在は48基。

西尾　漠

にしお・ばく／東京都生まれ。１９７３年、「電力危機」をあおる電力会社の広告に疑問をもったことから、原子力に関する問題に関わるようになる。１９９８年から原子力資料情報室の共同代表を務めるほか、「はんげんぱつ新聞」では１９７８年の創刊当時から編集に携わっている。著書は、『原発を考える50話』（岩波ジュニア新書）、『エネルギーと環境の話をしよう』（七つ森書館）、『なぜ即時原発廃止なのか』『私の反原発切抜帖』（ともに緑風出版）など多数。

わが子からはじまる
クレヨンハウス・ブックレット　０１５
原子力発電は「秘密」でできている

２０１４年３月28日　第一刷発行

著　者　西尾　漠
発行人　落合恵子
発　行　株式会社クレヨンハウス
〒107・8630
東京都港区北青山3・8・15
TEL　03・3406・6372
FAX　03・5485・7502
e-mail　shuppan@crayonhouse.co.jp
URL　http://www.crayonhouse.co.jp
表紙イラスト　平澤一平
装　丁　岩城将志（イワキデザイン室）
印刷・製本　大日本印刷株式会社
© 2014 NISHIO Baku
ISBN 978-4-86101-279-2
C0336 NDC539
Printed in Japan
乱丁・落丁本は、送料小社負担にてお取り替え致します。